电力安全教育可视化手册

高处作业

浙江浙能电力股份有限公司　组编

中国电力出版社
CHINA ELECTRIC POWER PRESS

内 容 提 要

生命至上，安全第一。安全生产由无数细节组成，本丛书针对电厂日常生产过程中检修维护及零星工程施工所涉及的高风险作业以及工器具的使用，通过图片和文字注释方式，系统展示了作业过程中安全工作规范和基本知识要点，力求达到身临其境的"可视化"效果。

本分册主要介绍高处作业分级分类，作业前准备工作，作业过程安全管控，登高工器具使用，"三宝"选择及使用。

本书可供电力工程建设人员及电厂各级安全生产岗位人员培训和学习使用。

图书在版编目（CIP）数据

电力安全教育可视化手册. 高处作业 / 浙江浙能电力股份有限公司组编. — 北京：中国电力出版社，2019.12

ISBN 978-7-5198-4068-6

Ⅰ. ①电… Ⅱ. ①浙… Ⅲ. ①电力工业－安全生产－安全教育－手册②高空作业－安全教育－手册 Ⅳ. ① TM08-62

中国版本图书馆 CIP 数据核字（2019）第 255866 号

出版发行：中国电力出版社
地　　址：北京市东城区北京站西街 19 号（邮政编码 100005）
网　　址：http://www.cepp.sgcc.com.cn
责任编辑：莫冰莹（010-63412526）
责任校对：黄　蓓　朱丽芳
装帧设计：张俊霞
责任印制：杨晓东

印　　刷：北京瑞禾彩色印刷有限公司
版　　次：2019 年 12 月第一版
印　　次：2019 年 12 月北京第一次印刷
开　　本：880 毫米 ×1230 毫米 32 开本
印　　张：1.625
字　　数：29 千字
印　　数：00001—13000 册
定　　价：22.00 元

前 言

习近平总书记在党的十九大报告中指出，要树立安全发展理念，弘扬生命至上、安全第一的思想，健全公共安全体系，完善安全生产责任制，坚决遏制重特大安全事故，提升防灾减灾救灾能力。安全是企业生存和发展的基础，更是保障员工幸福的根本，必须把安全始终置于工作首位，不断强化红线意识和底线思维，提高企业本质安全水平，这是安全生产的初心和使命。

做好安全生产，教育先行，安全教育不忘初心就要切实让教育起到效果，让安全深入人心。本丛书针对电力企业日常生产过程中检修维护及零星工程施工所涉及的高风险作业以及工器具的使用，系统展示了作业过程中安全工作规范和基本知识要点，书中以工程现场实际图片为主体，并加以文字注释，通过图文结合的可视化方式，对工程施工现场作业安全合规与不合规的正反两方面分别进行解读，使安全标准化作业直观易懂，能给阅读者留下深刻印象，是安全管理人员、工程施工人员掌握安全生产相关标准、规范的得力工具。

本丛书共分八个分册，包括：扣件式钢管脚手架作业、高处作业、施工用电、电焊与气焊作业、起重作业、有限空间作业、常用电动工具使用和危险化学品作业。本丛书可供电力工程建设人员及电厂各级安全生产岗位人员培训和学习使用。

本书不足之处，敬请批评指正。

编者

2019 年 12 月

编写说明

为便于施工作业人员、生产管理人员掌握高处作业基本安全知识和现场安全检查，特编制本手册。本手册内容主要适用于检修作业及零星工程施工高处作业。

本手册主要依据 GB 26164.1—2010《电业安全工作规程（热力和机械）》第 15.1 条、DL 5009.1—2014《电力建设安全工作规程（火力发电）》第 4.10 条、JGJ 80—2016《建筑施工高处作业安全技术规范》、GB/T 3608—2008《高处作业分级》编写。

目　录

前言
编写说明

一 高处作业分级分类

　　凡在距离坠落基准面 2m 及以上地点进行的工作，都应视作高处作业。高处作业按高度分为一级（2~5m）、二级（5~15m）、三级（15~30m）、特级（30m 以上）四个区段，特级高处作业以外的高处作业称为一般高处作业。高处作业类别分为临边作业、洞口作业、攀登作业、悬空作业和交叉作业五种基本类型。

1 临边作业：在工作面边沿无围护或围护设施高度低于 80cm 的高处作业。

临边作业

2 洞口作业：在可能使人和物料坠落，且坠落高度在 2m 及 2m 以上的开口处的高处作业。

洞口作业

"四口"是指：楼梯口、电梯井口、预留洞口和通道口

3 攀登作业：借助登高用具或登高设施进行的高处作业。

攀登作业

悬空作业

4 悬空作业：在周边无任何防护设施，或防护设施不能满足防护
要求的临空状态下进行的高处作业。

5 交叉作业：在施工现场的垂直空间呈贯通状态下，凡有可能造成人员或物体坠落的，并处于坠落半径范围内的、上下左右不同层面的立体作业。

交叉作业

6 特级高处作业：30m 及以上的高处作业。

特级高处作业

二 作业前准备工作

　　高处作业前必须对施工使用的各类工器具进行检查确认，进行安全交底并落实技术、人身防护等安全措施。同时审核施工作业人员的资质，要求持证上岗。

1 高处作业施工前，应对作业现场的安全标志、施工工具、仪表、电气设备、安全防护设施进行检查、验收，确认完好、合格后方可投入使用。

脚手架验收合格

2 施工作业前，施工单位应根据现场实际情况编制施工方案，并对高处作业进行分级，明确安全技术措施。施工负责人应对工程的高处作业安全技术负责。

3 施工作业前，应逐级进行安全技术交底，落实所有安全技术措施和防护用品，未经落实不得进行施工。

4 炉内升降平台、吊篮操作人员、攀登、悬空高处作业人员及搭设高处作业安全设施人员，必须经过专业技术培训且考核合格并取得有效证书。

应急管理局核发的《特种作业操作证》，准操项目：高处安装、维护、拆除作业

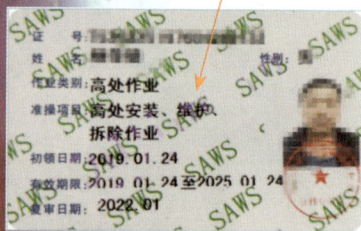

建设主管部门核发的《建筑施工特种作业人员操作资格证书》，操作类别：高处作业吊篮安装拆卸工

⑤ 从事高处作业的人员必须身体健康。患有精神病、癫痫病及经医师鉴定患有高血压、心脏病等不宜从事高处作业病症的人员，不准参加高处作业。凡发现工作人员有饮酒、精神不振时，禁止登高作业。

无高处作业操作证，以及患有精神病、癫痫病，经医师鉴定患有高血压、心脏病等的人员不得从事高处作业

三 作业过程安全管控

高处作业地点下方必须设置隔离区，并设置明显的警告标志；高处作业应使用工具袋，禁止上下投掷；高处作业要做好过程安全管控，防止人员坠落或落物伤人。

1 高处作业地点的下方应设置隔离区，并设置明显的警告标志，防止落物伤人。

隔离区域为 R 与起吊工件最大长度之和。隔离区应按以下规则划分：

h 为作业位置至其底部的垂直距离，R 为半径。

当 $2\mathrm{m} \leqslant h \leqslant 5\mathrm{m}$ 时，$R=2\mathrm{m}$；

当 $5\mathrm{m} < h \leqslant 15\mathrm{m}$ 时，$R=3\mathrm{m}$；

当 $15\mathrm{m} < h \leqslant 30\mathrm{m}$ 时，$R=4\mathrm{m}$；

当 $h > 30\mathrm{m}$ 时，$R=5\mathrm{m}$。

高处作业点下方应设置
隔离区及警告标志

2 在坝顶、陡坡、屋顶、悬崖、杆塔、吊桥及其他危险的边沿进
行工作，临空一面应装设安全网或防护栏杆。

安全网

防护围栏

3 峭壁、陡坡的场地或人行道上的冰雪、碎石、泥土应经常清理，靠外面一侧应设 1.2m 高的栏杆。在栏杆内侧底部应设 18cm 高的护板，以防坠物伤人。

不低于 1.2m 的栏杆

18cm 高的护板

4 高处作业应一律使用工具袋。较大的工具应用绳拴在牢固的构
件上，不准随便乱放，以防止高空落物发生事故。

高处作业应
使用工具袋

⑤ 在进行高处工作时，不准在工作地点的下面通行或逗留，工作地点下面应有围栏或装设其他保护装置，防止落物伤人。如在格栅式的平台上工作，应采取防止工具和器材掉落的措施。

高处作业下方应设置安全隔离设施，悬挂警示标牌并安排专人监护。

6 不准将工具及材料上下投掷，要用绳系牢后往下或往上吊送，以免误伤下方工作人员或击毁脚手架。

工具及材料
用绳子吊送

禁

禁止上下投掷

7 上下立体交叉作业时，不得在同一垂直方向上操作，下层作业的位置应处于依上层高度确定的可能坠落范围半径外。上下层无法错开必须同时进行工作时，中间必须搭设严密牢固的防护隔板、罩棚或其他隔离设施，工作人员必须戴安全帽。

上下立体交叉作业，中间无防护隔离设施

8 冬季在低于 −10℃进行露天高处作业，必要时应在施工工地附近设有取暖的休息场所；取暖设备应有专人管理，注意防火。冬期高空施工浇筑水泥时，禁止在木制脚手板上下生火炉养护。

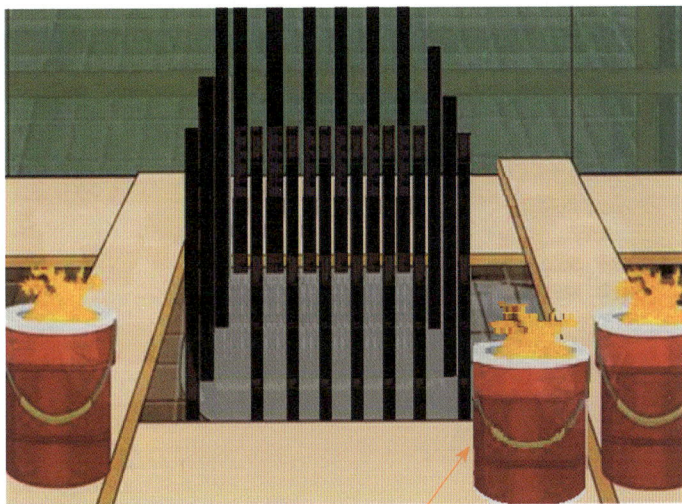

禁止在木制、竹制
脚手板上下生火炉

9 禁止登在不坚固的结构上（如石棉瓦、彩钢板屋顶）进行工作。为了防止误登，应在这种结构的必要地点悬挂警告牌。

禁止在不坚固的石棉瓦、彩钢板屋顶作业

10 在夜间或光线不足的地方进行高处作业，应设足够的照明。

夜间或光线不足的作业
环境应设置足够照明

11 遇六级及以上大风或暴雨、打雷、大雾等恶劣天气时，应停止露天高处作业。

六级及以上大风或雷雨等恶劣天气，禁止露天高处作业

⑫ 高处作业施工现场临边处放置的设备、材料等应堆放整齐、稳妥可靠。

临边放置材料
应堆放整齐、
稳妥。

13 关注作业人员身体和精神状态，督促其正确穿戴安全防护用品。

作业前，关注作业人员身体、精神状态，督促正确穿戴防护用品。

高处作业下方应设置警戒区，悬挂警示标牌并安排专人监护。

14 搭设或拆除现场安全防护设施时，应设警戒区，指派专人现场监护。

四　登高工器具使用

高处作业安全防护措施必须落实到位，并确保正确使用。

1 在没有脚手架或者在没有栏杆的脚手架上工作，高度超过
1.5m 时，必须使用安全带，或采取其他可靠的安全措施。

高处作业应挂安全带，
或采用其他安全措施

2 安全带的挂钩或绳子应挂在结实牢固的构件上，或专为挂安全带用的钢丝绳上。禁止挂在移动或不牢固的物件上。

安全带应挂在牢固的构件上或
专为挂安全带用的钢丝绳上

3 安全带在使用前应进行检查，并定期按批次进行静力荷载试验，不合格的安全带应及时处理。

安全带使用前应检查，不
合格的安全带禁止使用

4 高处作业使用的梯子支柱应能承受工作人员携带工具攀登时的总重量。梯子的横木应嵌入支柱，不准使用钉子钉成的梯子。

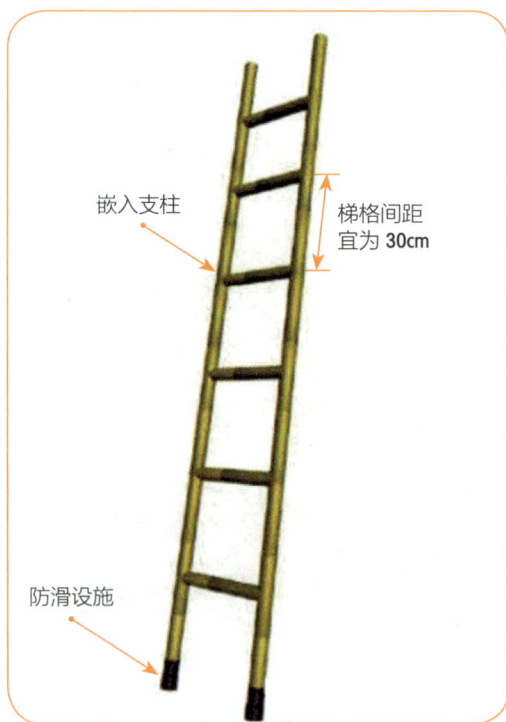

嵌入支柱

梯格间距
宜为 **30cm**

防滑设施

⑤ 使用单梯时梯面应与水平面成 60° 左右的夹角，梯蹬不得缺失，梯格间距宜为 30cm，不得垫高使用。在梯子上工作时，工作人员必须登在距梯顶不少于 1m 的梯蹬上。梯子的上端应绑扎固定，梯脚应有可靠的防滑措施，不能搁置稳固时，应有专人扶持。

工作人员必须登在距梯顶不少于 **1m** 的梯蹬上工作

使用单梯时梯面应与水平面成 **60°**左右的夹角。梯子不稳固时应有专人扶持

6 厂房外墙、烟囱、冷却塔等处应设置固定爬梯，高出地面 2.4m 以上部分应设有护圈。高百米以上的爬梯，中间应设有休息的平台，并应定期进行检查和维护。

高出地面 **2.4m** 以上的部分应设有护圈

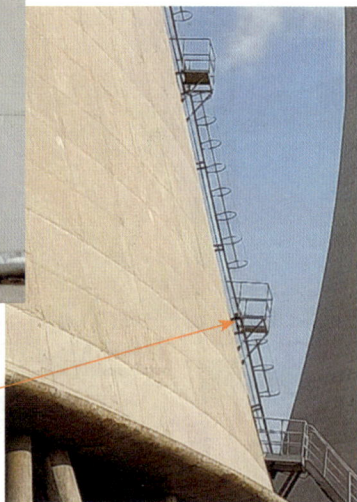

高百米以上的爬梯，中间应设有休息平台

7 上爬梯必须逐档检查爬梯是否牢固，上下爬梯必须抓牢，不准两手同时抓一个梯阶。

上下爬梯必须抓牢，不准两手同时抓一个梯阶

8 移动平台工作面四周应有 1.2m 高的护栏，升降机构牢固完好，升降灵活，液压机构无渗漏现象，有明显的荷载标志，严禁超载使用，禁止在不平整的地面上使用。移动平台使用时应采取制动措施，防止平台移动。

移动平台工作面四周应设置 1.2m 高的护栏

移动平台使用时应采取制动措施

❾ 悬空作业使用的吊笼应配置防护栏杆、防护栏网或其他安全设施。使用的索具、脚手板、吊篮、吊笼、平台等设施、设备，应经技术鉴定或检验合格后方可使用。

攀登自锁器　　独立的安全绳　　安全带

吊笼

❿ 吊篮上的操作人员应配置独立于悬吊平台的安全绳及安全带或其他安全装置，应严格遵守操作规程。

11 使用软梯或钢爬梯上下攀登时，应使用攀登自锁器或防坠器。攀登自锁器或防坠器的挂钩应直接钩挂在安全带的腰环上，不得挂在安全带端部的挂钩上使用。

防坠器

攀登自锁器

五 "三宝"选择及使用

1 高处作业必备三件宝：安全帽、安全带、安全网。

安全帽：对人头部受坠落物及其他特定因素引起的伤害起防护作用的帽子，由帽壳、帽衬、下颌带和附件组成

安全带：防止高处作业人员发生坠落及发生坠落后将作业人员安全悬挂的个体防护装备

安全网：用来防止人、物坠落，或用来避免、减轻坠落及物击伤害的网具，由网体、边绳和系绳组成

② 安全帽的选择和使用。

安全帽基本结构

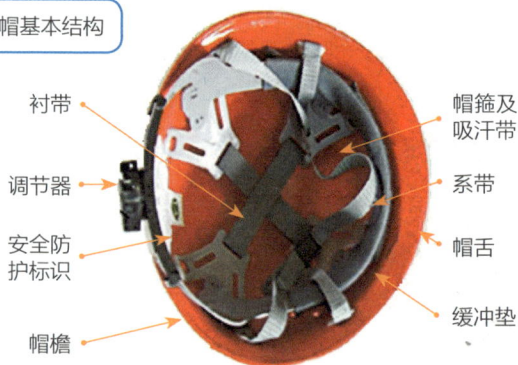

衬带

调节器

安全防护标识

帽檐

帽箍及吸汗带

系带

帽舌

缓冲垫

使用安全帽禁止以下行为

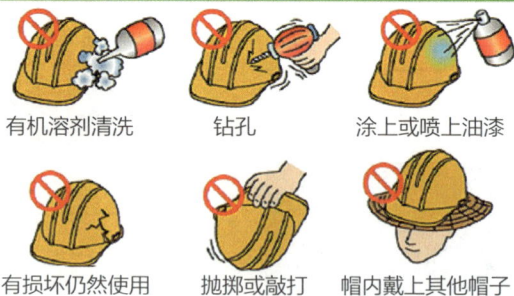

有机溶剂清洗

钻孔

涂上或喷上油漆

有损坏仍然使用

抛掷或敲打

帽内戴上其他帽子

注　1．安全帽的使用有效期是 **30** 个月。
　　2．女同志应把长发放入帽内不散落出来。

3 安全带的选择和使用。

安全带上注明商标、合格证、检验证

合格证应注明产品名称、生产年月、拉力试验、冲击重量、制造厂名、检验员姓名等

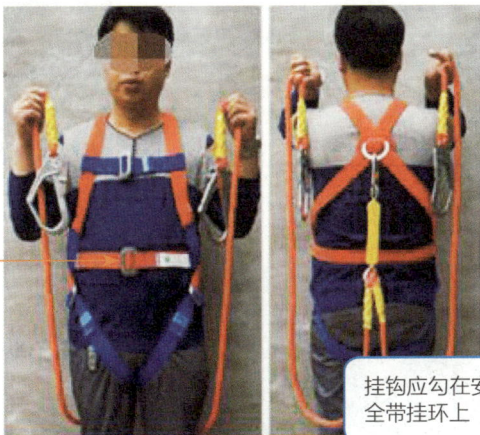

腰带束紧，腰扣系正

挂钩应勾在安全带挂环上

4 安全网的选择和使用。

平网：P 标记。高于基准面 3m 及 3m 以上，用于坠落危险下方，防止人、物坠落。

同一张安全网修补部位不大于 2 处

立网：L 标记。垂直水平面安装，用来防止人、物坠落或用来避免和减轻坠落及物击伤害。

平网、立网使用期限不超过 3 年，密目网不超过 2 年。如发生人员坠落事故或质量大于 50kg 的物体坠落事故，则应立即更换

密目式立网：ML 标记。网眼孔径不大于 12mm，垂直水平面安装，用于阻挡人员、视线、自然风、飞溅及小物体。

电力安全教育可视化手册

《扣件式钢管脚手架作业》　　《高处作业》

《施工用电》　　《电焊与气焊作业》

《起重作业》　　《有限空间作业》

《常用电动工具使用》　　《危险化学品作业》